羌族

了不起的中华服饰

杨源 著
／
枫芸文化 绘

中信出版集团 | 北京

图书在版编目（CIP）数据

了不起的中华服饰. 羌族 / 杨源著. -- 北京 : 中信出版社, 2022.7
ISBN 978-7-5217-4367-8

Ⅰ. ①了… Ⅱ. ①杨… Ⅲ. ①羌族－民族服饰－服饰文化－中国 Ⅳ. ① TS941.742.8

中国版本图书馆 CIP 数据核字 (2022) 第 090848 号

了不起的中华服饰·羌族

著　　者：杨源
绘　　者：枫芸文化
出版发行：中信出版集团股份有限公司
（北京市朝阳区惠新东街甲4号富盛大厦2座　邮编　100029）
承 印 者：湖南天闻新华印务有限公司

开　　本：787mm×1092mm　1/16　　印　　张：2.25　　字　　数：60千字
版　　次：2022年7月第1版　　印　　次：2022年7月第1次印刷
书　　号：ISBN 978-7-5217-4367-8
定　　价：38.00元

出　　品：中信儿童书店
策　　划：神奇时光
策划编辑：韩慧琴　李莉
责任编辑：李银慧
营销编辑：孙雨露
装帧设计：李然
排版设计：晴海国际文化

序

中国是一个多民族的国家，在长期的历史发展中，各民族共同创造了璀璨辉煌的中华文明。各民族丰富多彩的传统服饰文化，体现了中华文化的多样性。

中国的民族服饰不仅在织绣染等工艺上技艺精湛，而且款式多样、制作精美、图案丰富，更是与各民族的社会历史、民族信仰、经济生产、节庆习俗等层面有着密切联系，还承载着各民族古老而辉煌的历史文化。

中国民族服饰的发展呈现了各民族团结奋斗、共同繁荣发展的和谐景象，也是当今中国十分具有代表性的传统文化遗产。

“了不起的中华服饰”是一套讲述民族服饰文化的儿童启蒙绘本。本系列图书以精心绘制的插图，通俗有趣的文字，讲述了中国十分有代表性的民族服饰文化和服饰艺术，也涵盖了民族的历史、艺术、风俗、民居、服装款式、图纹寓意和传统技艺等丰富的内容。孩子不仅可以在本套绘本中进行沉浸式的艺术阅读，还能学到有趣又好玩的传统文化知识。

羌族主要居住于四川省阿坝州的茂县、绵阳市的北川县，还有少部分分布在四川省的汶川、理县、黑水、松潘等地，聚居地多在高山或半山深谷中。羌族被誉为生活在“云朵里的民族”，绚丽的羌族服饰就如同一道道彩虹在云朵里流动，丰姿秀美。

目 录

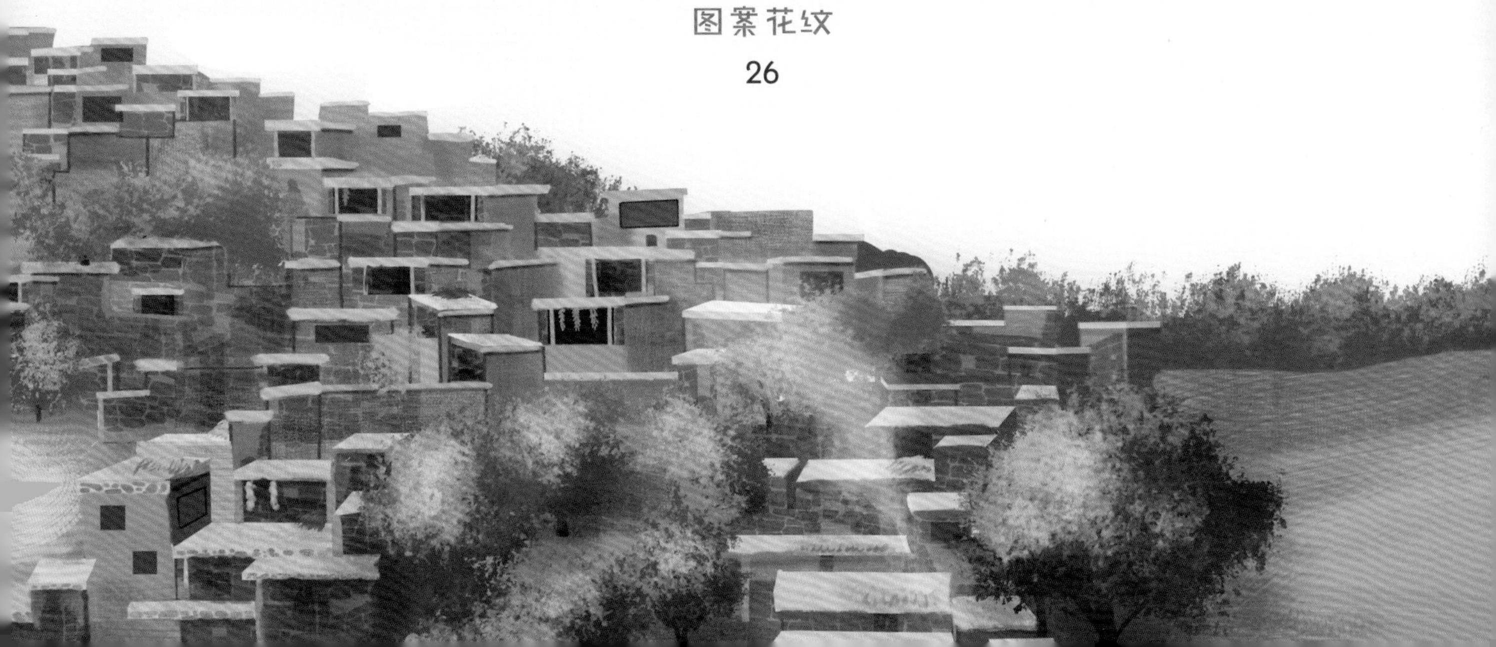

羌族历史

羌族源于古羌族群，是中华民族中十分古老的民族之一。

古代羌族是华夏族的重要组成部分，曾遍布于古代中国的西部，对中国历史的发展和中华民族的形成有重要而深远的影响。

从西周至魏晋时期，羌人由秦陇一带向西北、西南、中原迁徙，到了宋至明清时期，南迁的羌人逐渐定居于四川阿坝等地区，发展为现在的羌族，并保留了“羌”这一族称。

汉代的许慎在《说文解字》中说，羌人是“西戎牧羊人也”， 是说羌人是西戎牧羊人。古羌人长期以牧羊为生，羊皮可以御寒，羊肉可以食用，羊毛可以用来制作帐篷。羊是古代游牧羌人的衣食来源，他们要依其生存，并尊其为图腾。羌族自称“尔玛”，这种称谓源自羊的叫声。

小朋友知道远古时期的炎帝吗？

羌人以炎帝为祖先。相传，炎帝是华夏民族的火神，也是太阳的化身。因此，羌族又是一个崇拜火与太阳的古老民族。炎帝是远古时期的一位部落首领，炎帝教人们耕种之法，还发明了练麻制衣、五弦琴等。正是炎帝的这些成就，使他享有“人文初祖”的称誉。

生活方式

羌族主要聚居在四川省北部的阿坝藏族羌族自治州，境内重峦叠嶂，河谷深邃。这里山峰高耸，有岷山和邛崃山等山脉；这里河流湍急，有岷江和涪江等水系。勤劳而顽强的羌族人民就生活在这川北的高山深谷中。当你走进这一条条深谷，登上这一座座高山时，就能看到这儿古老的羌寨中那一座座石头垒砌的碉楼。如今，火塘边，田野里，到处都是高山羌族的家园，他们现在以农耕生活为主。

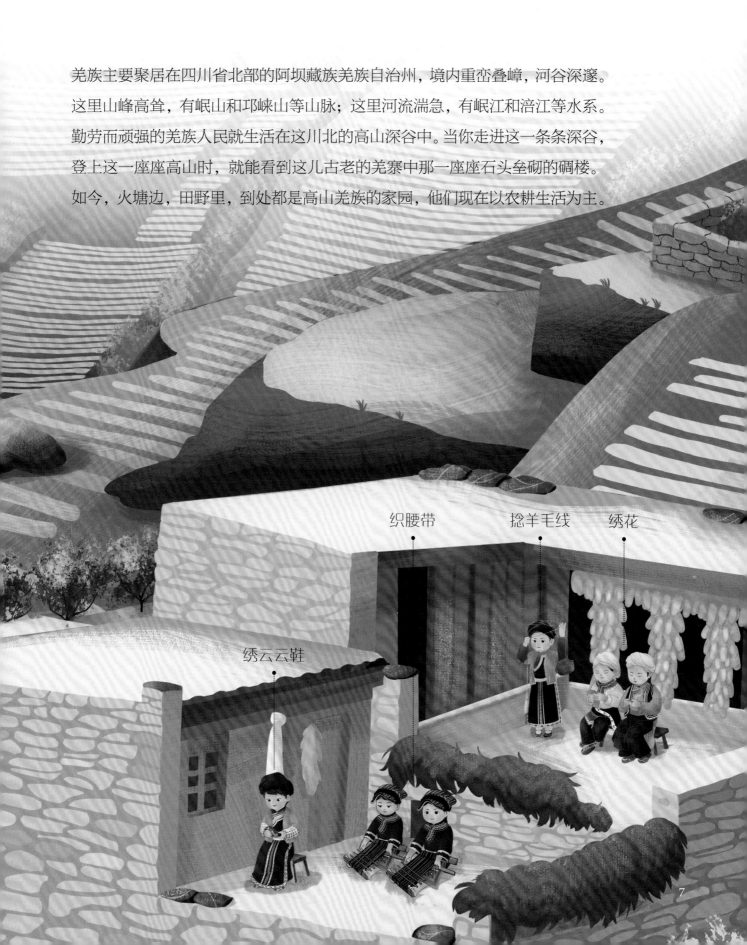

汶川雁门乡的萝卜寨和茂县的河东寨都是非常著名的高山古羌寨。在古代，人们传说高山上的萝卜寨只有鸿雁才能飞过，所以称为“云中羌寨”。

2008 年 5 月 12 日，一场里氏 8.0 级的大地震，使这片高山深谷成为全世界关注的焦点，而被地震破坏最严重的就是汶川地区。被这场地震猛烈摇撼的，不仅是这片土地和土地上的碉楼、桥梁，还有当时全体中国人的心。这一时刻，来自四面八方的援助涌向了汶川，让生活在这里的羌族人民，在经历了大地震之后，又坚强地站了起来，重建了自己美丽的家园。

高山顶上的萝卜寨

节日习俗

羌历年

羌历年，羌语为“日美吉”，意思是“吉祥欢乐的日子”。羌历年是羌族人民共同的节日。每年农历十月初一开始，通常为三到五天，但有的村寨会持续到初十。羌族人民会盛装打扮，喜庆热闹地过羌历年。

羌历年节日场面

祭山会

又称转山会、山神会或碉碉会。祭山会是羌族人民对象征着天神、山神的白石神进行祭祀、表达感恩的活动，也是人们祈求众神保佑来年人畜兴旺、五谷丰登、居家太平的大典。因为气候的差异，各地的羌族人民每年举行祭山会的时间各不相同，有的在正月，有的在四月或五月。

祭山会场面

领歌节

领歌节，用羌语来说是“瓦尔俄足”，是羌族女性的节日，每年农历五月初五举行，整个节日活动持续三天。节日中羌族女子尽显其能，忘情欢跳“莎朗”舞，以此来纪念天上的歌舞女神莎朗姐。羌族“莎朗”舞表现出了羌族传统舞蹈的古朴典雅，是非常有代表性的舞种之一。

跳“莎朗”舞

羌族舞蹈

羌族非常有特色的舞蹈还有羊皮鼓舞。羊皮鼓舞在羌族的生活习俗中非常重要，与各种民俗节日活动密切相关。

羊皮鼓舞由羌族中最有威望的巫师——释比来领舞，在各类节日的祭祀活动中展演，以表达敬神、祈福的意愿。释比头戴金丝猴皮帽，左手持羊皮鼓，右手拿响铃，以释比的舞姿，脚踩禹步（在祭祀礼仪中常用的一种步法，相传为大禹创立），与羌族男子相对而舞。这种舞姿也展示了羌族男子独特的舞技。

跳羊皮鼓舞

羌族乐器

羌族人民生活习俗中的传统乐器不仅有羊皮鼓，还有羌笛、口弦、唢呐和铜铃等。流行于四川羌族地区的羌笛，大体保持了古代羌笛的形制构造，是一种六声音阶的双管竖笛，演奏时多为独奏，音色柔和，悠扬婉转。羌笛还常出现于古诗词中，以表达深远的意境。

口弦，羌语称为“珠利”，用竹片制作而成，在娱乐或休闲时都可拨奏，音调欢快。羌族男女平时把口弦佩带在腰间，十分喜爱。

羌族习俗

羌族崇尚白色和红色，以白为善，以红为喜。红和白是羌族服饰的主要色彩，羌人将民族信仰与服饰文化相结合，既传承了民族文化基因，也形成了鲜明的民族特色。羌族崇拜白石，白石也叫白云石， 源于古羌人对大自然的崇敬。传说，羌族的祖先在神的指点下用白石相击取火，从而获得了温暖和熟食。因而，白石在羌族祖先的生存中具有十分重要的作用。至今羌族人民仍在田间垒白石堆，以表达对天神、山神等神灵的崇敬。

杨馆馆讲知识

小朋友知道羌族崇尚白色的传说吗？

传说炎帝教羌人种麻，用麻线织的布皆为白色，羌人用麻布制作白色的衣装，以表达对祖先的敬意。传说羌人的老祖母西陵氏嫘祖发明了养蚕术，用蚕丝织出了白色的丝绸，用其制作的服装也是白色的。至今羌族男子仍然包白头帕，穿白羊皮褂、白麻布长衫、白裤，裹白绑腿，以此延续着对远古祖先的追忆。

羌族的村寨或田间常常能见到垒起的白石堆

羌族崇尚红色，这与羌人崇拜太阳和火有关。对于一个生活在寒冷高原上的民族来说，太阳和火不仅能驱散黑暗和猛兽，还能给人们带来光明和温暖。羌族新娘嫁衣是红色的，新郎披挂的绸带也是红色的，祭礼和迎宾所献的绸巾也是红色的。这种红色被称为“羌红”。

羌族崇尚红色最突出的表现是给婚礼中的新郎和凯旋英雄“挂红”，以披挂红绸带表示祝福和尊敬。“挂红”时要用羌语念诵献红祝词，大意为“炎帝的子孙是火红的民族，尔玛的‘万年火’点燃啦，挂红是尔玛人最美好的祝福”。现在羌族也会给尊贵的宾客献挂红绸带啦！

羌族婚礼场面

看看 羌族服饰

虽然不同地区的羌族服饰各有特色，但是他们的服饰都刺绣精美，纹样丰富，保持着游牧民族的服饰风格：男女都穿右衽长衫，包头帕，系腰带，着长裤，裹绑腿，穿云云鞋，外罩羊皮褂。

羌族传统服装的面料以羊皮、毛和麻织物为主，现在也用绸布及锦缎。

四川理县蒲溪乡羌族女子服饰

四川理县蒲溪乡羌族男子服饰

四川北川县羌族女子服饰

古羌人是生活在遥远的甘青高原上的游牧民族，他们是最早将野羊驯化为绵羊的民族，创造了悠久的高原游牧文明。所以，最能体现羌族服饰特色的是羊皮褂（羌族称其为皮褂褂）和云云鞋。云云鞋形似小船，鞋尖微翘，鞋面绣有云纹和羊角纹，因此而得名。

四川汶川县羌族女子服饰

羌族女孩绣云云鞋

羌族头饰

羌族男女皆包头帕。茂县黑虎乡的羌女以黑白布帕包头，传说是为了纪念民族英雄黑虎将军。

理县桃坪乡一带的羌女盛行“一匹瓦”头帕，这种瓦片状的青布头帕上绣有花纹，还用银牌、环扣作为点缀。

理县蒲溪乡的羌族男子用黑白帕交错包头，头部转动时，白光闪烁，如喜鹊飞跃，所以这种头饰也被称为“喜鹊装”头帕。

四川理县桃坪乡羌族女子『一匹瓦』头帕

四川茂县黑虎乡羌族女子头帕

四川理县蒲溪乡羌族男子『喜鹊装』头帕

包羌族头帕

娃娃：羌族女孩每天都是怎么包头帕的呀？

杨馆馆：四川茂县永和乡羌族女孩喜欢穿橙红色长衫、坎肩，系围腰，她们的服装上有漂亮的绣花，还穿绣花鞋。女孩子的头饰很有特色，发髻上插银簪，用白布缠绕成圆盘式头帕。

第一步

将长发束成马尾式

第二步

将银簪插在头发上，
将长发盘在银簪上绾成发髻

第三步

穿好橙红色绣花长衫，
在同伴的帮助下
将白头帕盘在头上

第四步

完成，圆盘式头帕正面展示

图案花纹

走进羌寨，羌族服饰如同一道道亮丽的风景，各种绣花衣物让人目不暇接。“一学剪，二学裁，三学挑花绣布鞋”，每一个羌族女孩都要从小学习挑花刺绣，学习缝制图案花纹都十分美丽的衣裳。

羌族的挑花、刺绣图案是羌族数千年来历史文化的展现。羌人自古崇拜太阳、火焰，太阳和火不仅给他们带来了光明和温暖，也带来了吉祥和快乐。羌族服饰纹样中大量运用象征着太阳的万字纹，还有羊角纹、火盆花纹、火焰纹，以及各种源自大自然的寓意美好的图案和花纹。

火盆花纹

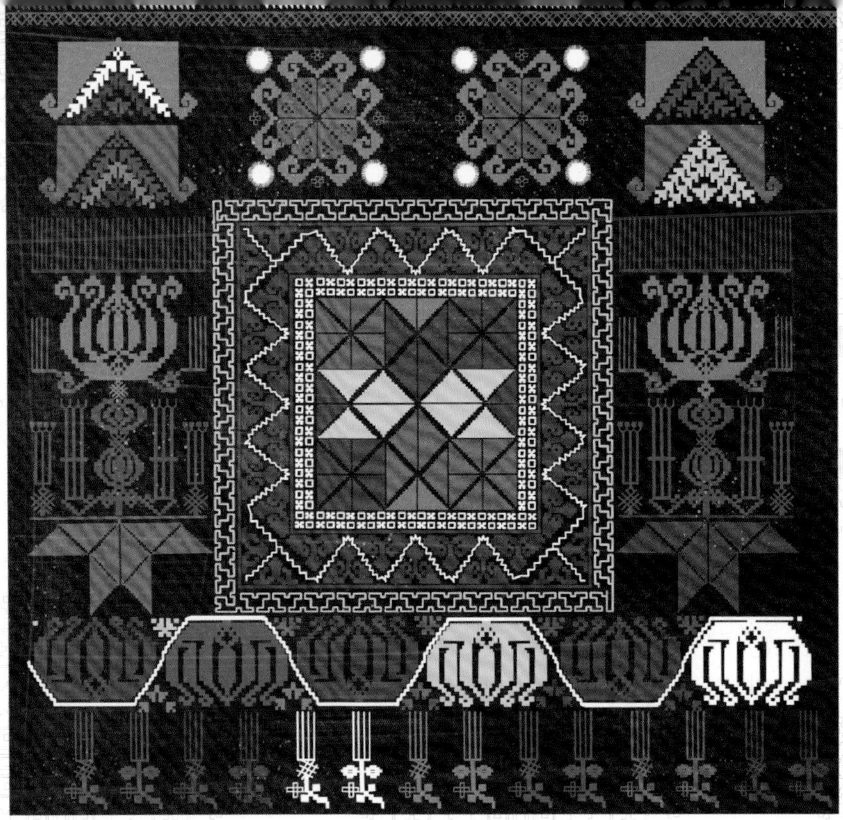

金瓜如意纹

飞鸟万字纹

羌族以羊大为“美”，他们相信羊是吉祥之物。这也体现在羌族的服饰上，如羊皮褂，还有羊角纹、四羊护花纹等吉祥纹样。而这些古朴又神秘的羊角纹、云云纹，是记录羌族悠久历史的文化密码。

羊角纹

四羊护花纹

云云纹

云云鞋

小朋友，你知道云云鞋有什么美丽的传说吗？

相传，有一个生活在湖泊中的鲤鱼仙子，爱上了一个赤脚的牧羊少年。她用天上的云朵和湖畔的杜鹃花绣出了一双漂亮的云云鞋，送给了少年。她也将爱情绣在了云云鞋上，最后两个人幸福地生活在一起。一直到现在，羌族部分地区仍然保留着这样的民俗：小伙子和姑娘只要相爱，就会穿上姑娘亲手绣制的云云鞋作为双方的定情信物。

画一画，涂一涂

小朋友可以参考第 27 页的图，用彩色铅笔涂上美丽的色彩哟！

小朋友可以参考第 20 页的图，用彩色铅笔涂上美丽的色彩哟！

小朋友可以参考第 25 页的图，用彩色铅笔涂上美丽的色彩哟！